优秀技术工人
百工百法丛书

杨成工作法

后纺十八辊热定型设备蒸汽系统的改造与创新

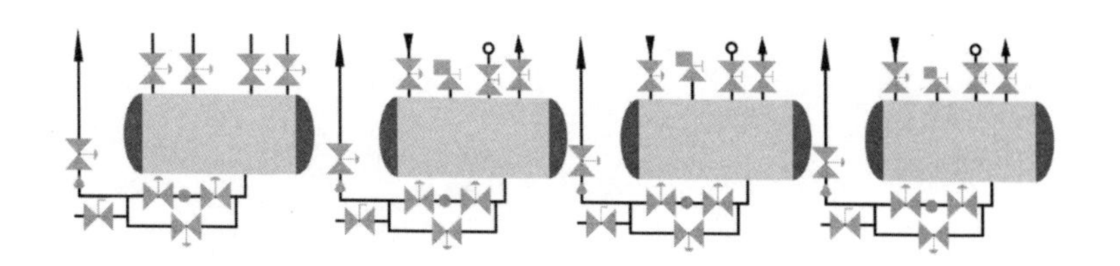

中华全国总工会 组织编写

杨 成 著

中国工人出版社

技术工人队伍是支撑中国制造、中国创造的重要力量。我国工人阶级和广大劳动群众要大力弘扬劳模精神、劳动精神、工匠精神，适应当今世界科技革命和产业变革的需要，勤学苦练、深入钻研，勇于创新、敢为人先，不断提高技术技能水平，为推动高质量发展、实施制造强国战略、全面建设社会主义现代化国家贡献智慧和力量。

——习近平致首届大国工匠创新交流大会的贺信

优秀技术工人百工百法丛书

编委会

优秀技术工人百工百法丛书

财贸轻纺烟草卷

编委会

序

党的二十大擘画了全面建设社会主义现代化国家、全面推进中华民族伟大复兴的宏伟蓝图。要把宏伟蓝图变成美好现实，根本上要靠包括工人阶级在内的全体人民的劳动、创造、奉献，高质量发展更离不开一支高素质的技术工人队伍。

党中央高度重视弘扬工匠精神和培养大国工匠。习近平总书记专门致信祝贺首届大国工匠创新交流大会，特别强调“技术工人队伍是支撑中国制造、中国创造的重要力量”，要求工人阶级和广大劳动群众要“适应当今世界科技革命和产业变革的需要，勤学苦练、深入钻研，勇于创新、敢为人先，不断提高技术技能水平”。这些亲切关怀和殷殷厚望，激励鼓舞着亿万职工群众弘扬劳模精神、劳动精神、工匠精神，奋进新征程、建功新时代。

近年来，全国各级工会认真学习贯彻习近平总书记关于工人阶级和工会工作的重要论述，特别是关于产业工人队伍建设改革的重要指示和致首届大国工匠创新交流大会贺信的精神，进一步加大工匠技能人才的培养选树力度，叫响做实大国工匠品牌，不断提高广大职工的技术技能水平。以大国工匠为代表的一大批杰出技术工人，聚焦重大战略、重大工程、重大项目、重点产业，通过生产实践和技术创新活动，总结出先进的技能技法，产生了巨大的经济效益和社会效益。

深化群众性技术创新活动，开展先进操作

法总结、命名和推广，是《新时期产业工人队伍建设改革方案》的主要举措。为落实全国总工会党组书记处的指示和要求，中国工人出版社和各全国产业工会、地方工会合作，精心推出“优秀技术工人百工百法丛书”，在全国范围内总结 100 种以工匠命名的解决生产一线现场问题的先进工作法，同时运用现代信息技术手段，同步生产视频课程、线上题库、工匠专区、元宇宙工匠创新工作室等数字知识产品。这是尊重技术工人首创精神的重要体现，是工会提高职工技能素质和创新能力的有力做法，必将带动各级工会先进操作法总结、命名和推广工作形成热潮。

此次入选“优秀技术工人百工百法丛书”作者群体的工匠人才，都是全国各行各业的杰出技术工人代表。他们总结自己的技能、技法和创新方法，著书立说、宣传推广，能让更多人看到技术工人创造的经济社会价值，带动更多产业工人积极提高自身技术技能水平，更好地助力高质量发展。中小微企业对工匠人才的孵化培育能力要弱于大型企业，对技术技能的渴求更为迫切。优秀技术工人工作法的出版，以及相关数字衍生知识服务产品的推广，将对中小微企业的技术进步与快速发展起到推动作用。

当前，产业转型正日趋加快，广大职工对于技术技能水平提升的需求日益迫切。为职工群众创造更多学习最新技术技能的机会和条件，传播普及高效解决生产一线现场问题的工法、技法和创新方法，充分发挥工匠人才的“传帮带”作用，工会组织责无旁贷。希望各地工会能够总结、命名和推广更多大国工匠和优秀技术工人的先进工作法，培养更多适应经济结构优化和产业转型升级需求的高技能人才，为加快建设一支知识型、技术型、创新型劳动者大军发挥重要作用。

中华全国总工会兼职副主席、大国工匠

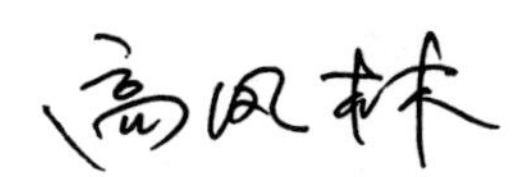

作者简介
About The Author

杨　成

1974年出生，中共党员，机修钳工高级技师，上海德福伦新材料科技有限公司机保组组长。曾获“上海市劳动模范”“上海市首席技师”“上海市技术能手”“中国纺织大工匠”“中国化学纤维工业协会杰出技术工人”等荣誉称号。以他名字命名的“杨成‘机电设备’技师创新工作室”“杨成劳模创新工作室”先后被上海市总工会授予“上海市技师创新工作室”“上海市劳模创新工作室”。

杨成是设备维修、能源供应保障的“技能大师”，致力于攻克技术难关、转化创新成果。其主持的后纺十八辊蒸汽系统改造的研究等多个改造项目获得上海市职工合理化建议项目创新奖，领衔的“切断刀使用过程中的精益管理”获上海市职工先进操作法优秀成果奖，参与的项目荣获上海市科技进步三等奖、中国纺织工业联合会科技成果优秀奖，拥有6项国家发明专利。

杨成积极推动班组内部师徒结对和员工带教工作，为企业可持续发展培养了一支技术团队，带领机保组获得“全国纺织行业创新型班组”“全国纺织行业设备管理先进班组”“上海市工人先锋号”等多项荣誉。

工/匠/寄/语

以勤学涨知识，以苦练精技术，以创新求突破，
在平凡中创造卓越

目　录
Contents

引　言　01

第一讲　热定型机蒸汽加热系统的主要结构概述　07

一、为什么要用蒸汽　09

二、换热设备疏水器的选用　13

三、十八辊热定型机的加热辊筒结构　18

第二讲　十八辊热定型设备蒸汽系统的改造与创新　23

一、十八辊热定型机蒸汽加热系统结构及存在的问题　25

二、紧二和紧一机组工艺温度降低问题分析及解决方案　28

三、蒸汽凝结水回收利用的效益测算　50

四、紧二机组工艺温度偏低问题分析及处理 58
五、蒸汽加热辊筒进、回汽改造 64

后　记 69

引　　言
Introduction

目前，随着经济的不断发展，我国的能源生产和消耗已处于世界前列，但是，我们的人均能源占有值却是非常低的，煤炭是世界人均占有的 1/4，石油是世界人均占有的 1/40。与此同时，我国能源综合利用率只有 30%，远不及发达国家。在企业中常常看到的蒸汽随处泄漏、蒸汽凝结水回收率低或基本不回收现象就是最直观的反映，是企业的产品成本居高不下的重要原因之一，严重影响着企业的生存能力和国际竞争力。

蒸汽是企业里最常见的二次能源，蒸汽凝结水系统是保障企业正常生产运行的重要基础，它是企业能量流最大的交换平台。因此，通过实施合理的系统改造，保障蒸汽凝结水系统的稳定高效运行，对于提升企业的市场竞争力具有十分重要的意义。

蒸汽凝结水系统节能的潜力揭示，通常节约蒸汽的潜力在 5% ~ 22%，增加凝结水回收率则为 40% ~ 80%。凝结水中含有“余热、水和软化费”三项效益。据测算，对一个蒸发量在 10t/h 的锅炉，可以轻松实现的节约蒸汽率为 8%，新增凝结水回收率为 60%，年节约蒸汽的经济效益在 60 万元左右，节水效益在 38 万元左右，节约燃料在 9.5 万元左右，三项合计超过 100 万元。因此，蒸汽凝结水回收再利用的节能潜力十分巨大，凝结水如不能有效回收，甚至排空排放，都是巨大的能源、资源浪费。

上海德福伦新材料科技有限公司是国内

首家生产涤纶短纤维的高新技术企业。为满足市场对差别化聚酯纤维的新需求，该公司引入一条年产 10000t 的全新涤纶短纤维生产线，该生产线既可以生产二维纤维，也可以生产三维纤维，进一步拓宽了生产品种。但是，建成投产后，该生产线的后纺十八辊热定型设备（见图 1）的蒸汽加热辊筒，虽经厂方多次调整、调试，但温控效果一直不理想。由于早期该生产线产品订单较少，排产不足，温控问题的不良影响没有过多地反映出来。随着后期订单增多，在大批量连续生产时，总有多个辊筒运行一段时间后，温度逐渐降低，严重影响产品质量，因而不得不中途停车，对其加热系统的蒸汽凝结水采用排空的方式进行系统排水，再重新升温开车，周而复始。这样既影响生产效率，又影响产品质量，也浪费能源。

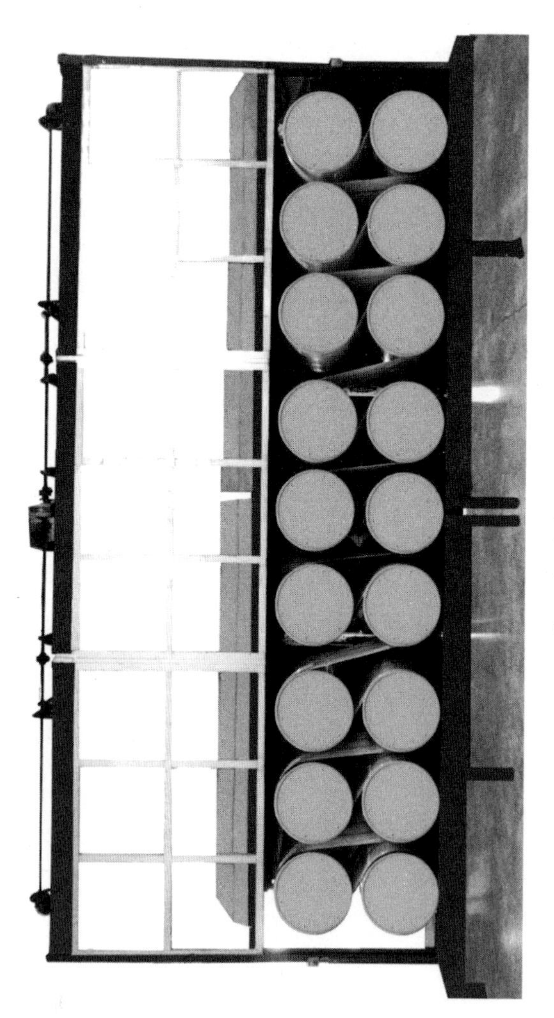

图 1　十八辊热定型机

本书主要是笔者对上海德福伦新材料科技有限公司新引进生产线中的十八辊热定型设备蒸汽加热系统在生产中发现的一些问题进行的剖析，探寻相应的解决方案，以期在解决这些问题的过程中积累相关改造、优化、创新的思路与心得，以供同行参考，并为我们提高能源利用率，为构建资源节约型社会尽一份微薄之力。

第一讲

热定型机蒸汽加热系统的
主要结构概述

一、为什么要用蒸汽

人类的生存和发展，离不开热能。热能可以从燃料中获得，即可以从煤、天然气、石油等获得，但在大多数情况下，直接从燃料中提取热量加以利用是行不通的。通常情况下，我们要在一个集中燃烧的热交换过程中——锅炉运行中获得热量，并加以利用。

在热交换过程中，我们往往无法直接将热量传递给受热物体，要靠中间载热体来传送，通常用饱和蒸汽、液态水或导热油等，而其中应用最广泛的是饱和蒸汽。

饱和蒸汽的优点很多。它由水加热蒸发而成，因而非常容易获得，而且十分清洁，生产过程比较简单。

饱和蒸汽生产和使用过程中汽化和凝结时相变的潜热比较大，远比热水或导热油所携带的能量多，而且不需要太粗的管道就可以传输大量的能量，效率很高。

饱和蒸汽的温度和压力之间有固定的关系（见图 2），控制了蒸汽的压力就同时控制了蒸汽温度，这对于需要加热的工艺过程和加热空间都是十分重要的。特别是对于那些需要保持在最低温度以上的工艺过程更关键，因为低于这个最低温度，就不能使产品按要求的状态改变，或者高于某个最高温度极限，产品就会被破坏，甚至还会发生危险。

例如，十八辊热定型设备在生产某个二维细旦短丝纤维的工艺过程中，其中段紧二机组的加热温度必须控制在 175℃左右，如果温度低于 170℃，纤维内部分子的结晶度和取向性就会降低，导致纤维的热定型效果达不到设计要求，即导致纤维的干热收缩率过高（超过 10%，控制要求是纤维的干热收缩率≤ 8%），从而造成纤维织物在整理后门幅变化收窄。

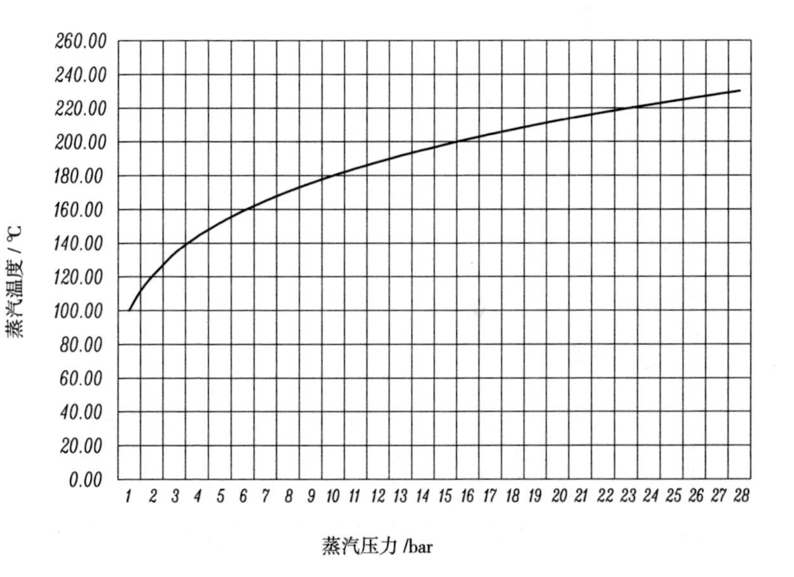

注：1bar=10^5Pa

图 2　不同压力下的饱和蒸汽温度曲线

查饱和蒸汽温度和压力对照表（见表1）可知，175℃所对应的饱和蒸汽压力约为0.9MPa，170℃所对应的饱和蒸汽压力约为0.8MPa。

表1 饱和蒸汽温度和压力对照表

温度/℃	压力/MPa	温度/℃	压力/MPa	温度/℃	压力/MPa
100	0.1013	134	0.3041	168	0.7545
101	0.1050	135	0.3131	169	0.7731
102	0.1088	136	0.3223	170	0.7920
103	0.1127	137	0.3317	171	0.8114
104	0.1167	138	0.3414	172	0.8311
105	0.1208	139	0.3513	173	0.8511
106	0.1250	140	0.3614	174	0.8716
107	0.1294	141	0.3717	175	0.8924
108	0.1339	142	0.3823	176	0.9137
109	0.1385	143	0.3931	177	0.9353
110	0.1433	144	0.4042	178	0.9574
111	0.1482	145	0.4155	179	0.9798
112	0.1532	146	0.4271	180	1.0027
113	0.1583	147	0.4398	181	1.0259
114	0.1636	148	0.4510	182	1.0496
115	0.1691	149	0.4634	183	1.0738
116	0.1747	150	0.4760	184	1.0983
117	0.1804	151	0.4889	185	1.1233
118	0.1863	152	0.5021	186	1.1488

续表

温度 /℃	压力 /MPa	温度 /℃	压力 /MPa	温度 /℃	压力 /MPa
119	0.1923	153	0.5155	187	1.1747
120	0.1985	154	0.5292	188	1.2010
121	0.2049	155	0.5433	189	1.2278
122	0.2115	156	0.5577	190	1.2551
123	0.2182	157	0.5732	191	1.2829
124	0.2250	158	0.5872	192	1.3111
125	0.2321	159	0.6025	193	1.3398
126	0.2393	160	0.6181	194	1.3690
127	0.2468	161	0.6339	195	1.3987
128	0.2544	162	0.6502	196	1.4298
129	0.2622	163	0.6667	197	1.4596
130	0.2701	164	0.6836	198	1.4909
131	0.2783	165	0.7008	199	1.5226
132	0.2867	166	0.7183	200	1.5549
133	0.2953	167	0.7362		

二、换热设备疏水器的选用

利用饱和蒸汽传热的缺点在于，随时的放热都会有凝结水产生，在蒸汽管网、换热设备的任何截面处，都是水、汽两相共存，具体的混合比例难以确定。如果不进行严格控制，及时分离并排出过多的凝结水，蒸汽压力就会降低，加热工艺过程的热量输出就会随之减少，温度也会降低。因此，使用蒸汽就必须配套使用疏水器。

目前疏水器的结构形式有热动力式、热静力式、机械式等，其中机械式又可以分为浮球式和倒吊桶式（表2）。

表2 疏水器分类

种类		动作原理
热动力式	孔板式、圆盘式	蒸汽和凝结水的热力学和流体力学特性
热静力式	双金属式、波纹管式	蒸汽和凝结水的温度差
机械式	浮球式、倒吊桶式	蒸汽和凝结水的密度差

每种疏水器都有其存在的意义，没有绝对的好坏之分。疏水器属于蒸汽加热管网的配套产品之一，它能否正常工作与管网有密切关系，而不仅仅是疏水器本身。

在连续生产的蒸汽加热系统中，疏水器应即时自动排除蒸汽中的凝结水。当系统启动时，疏水器必须在冷态起机时，应在全负载情况下呈现及时和连续排放，以保护蒸汽管道和设备的运行安全；在正常运行时，加热设备会长时间处于低负载状态，往往需要间歇式排放、超低负载时呈现滴排工况，可以有效节约能源。这就要求疏水器必须满足相应要求，应该可以及时、连续、充分地排除加热系统中的蒸汽凝结水。所以机械式疏水器是及时排水的首选。

从各种疏水器的一般适用场合图（见图3）可知，浮球式蒸汽疏水器特别适用于大排量应用场合。但是，由于要使用浮子机构，所以与其他类型的蒸汽疏水器相比，其外形比较大。而且浮球式疏水器依靠水封来实现密封，由于水封高度很小（一般为几毫米），疏水器的开启很容易让疏水器失去水封，在低负载时，浮力对浮球影响的速度低于水封失去的速度，浮球与杠杆机构的误差和死区进一步放大失去水封与蒸汽泄漏的速

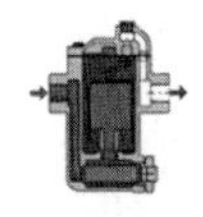

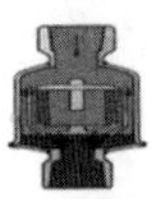

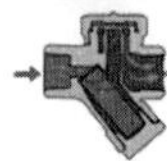

图 3 各种疏水器的一般适用场合

度，进而导致产生微量的泄漏。

倒吊桶式疏水器本质是一种依靠密度差工作的疏水器，其核心是阀门杠杆悬挂件及倒吊桶，不存在同浮球式疏水器一样的固定支点和复杂的连接，不会发生卡死和阻塞，这种机构的延迟和死区极小，对疏水器几乎没有影响。

倒吊桶式疏水器的独特设计，使之在工作时几乎不受污物困扰。阀瓣与阀座都设置在疏水阀的顶部，远离沉积在底部的大颗粒污物；倒吊桶的上下动作，也能使大颗粒污物变成粉末而易于排出。倒吊桶所控制的阀孔不是全开，就是全关。当加热系统启动时，倒吊桶式疏水器在全负载情况下连续排放，低负载时间歇排放，因而可以有效节约能源。

倒吊桶式疏水器的泄漏率、排水及时性、使用寿命、抗水锤和振动性能、耐腐蚀性能和经济性均表现出色。因此，十八辊热定型设备选用了倒吊桶式疏水器。倒吊桶式疏水器运作是间歇排放凝结水，其漏汽率为 2% ~ 3%，可排空气，额定工作压力小于 1.6MPa（表压），使用条件可以自动适应。允许背压度为 80%，但进出口压差不能小于 0.05MPa。

三、十八辊热定型机的加热辊筒结构

在涤纶短纤维后处理工艺中，定型工艺是重要的一个环节。常见的定型工艺有紧张热定型和松弛热定型两种，后纺十八辊热定型设备属于紧张热定型。

紧张热定型工艺对于提高丝束的强度稳定性是必不可少的，尤其是对高强度、低伸长率这一类纤维。紧张热定型通常采用辊筒加热形式，丝束在牵引的张力作用下，在张紧的状态下依次绕过一组或数组辊筒外表面，辊筒为热辊，经过热交换，使张紧的丝束在定型的温度作用下，纤维内部分子的结晶度和取向性得以固化且不均匀内应力得以释放，从而达到定型的效果。

定型辊筒的加热介质通常为饱和蒸汽，其内部结构形式主要有虹吸式和夹套式两种。

虹吸式加热辊筒是传统的加热辊筒形式（见图 4），蒸汽进入辊筒后，经辊筒外表面与丝束热交换，辊筒内的蒸汽形成的凝结水，在辊筒内的蒸汽压力作用下，经虹吸管排出。该形式的优点是辊筒结构简单、换热效果良好。但是，该辊筒属于压力容器，其设计、制造、管理和使用都要按压力容器管理规定进行，且换热效果不如夹套式加热辊筒效果好。

夹套式加热辊筒是近十几年出现的新形式（见图 5），饱和蒸汽通过内、外两层形成的夹套与辊壁外表面的丝束进行热交换。十八辊热定型设备使用的是夹套式加热辊筒。

夹套式加热辊筒由于通过蒸汽量大，为节省

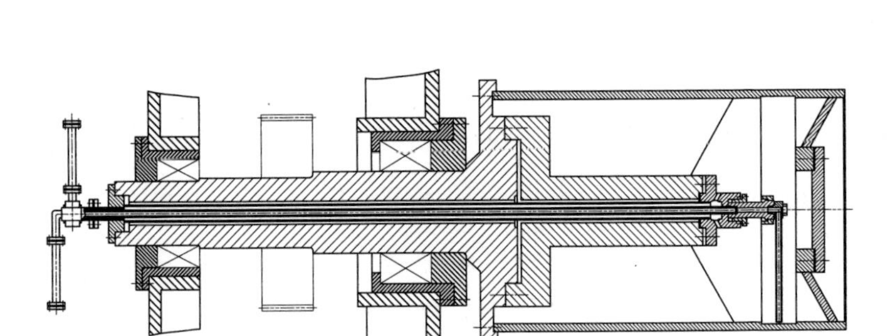

图 4　虹吸式加热辊筒结构图

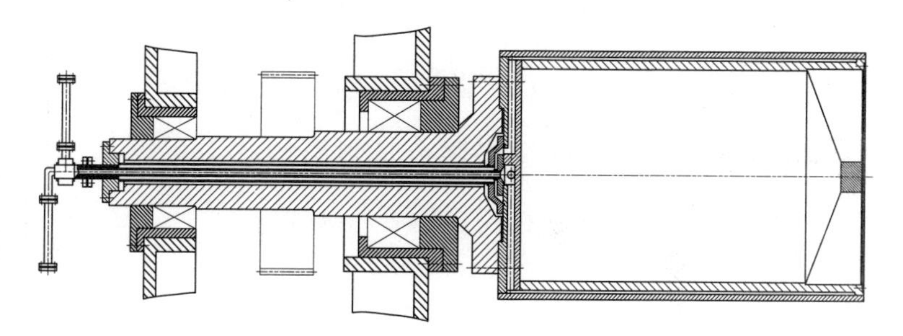

图 5　夹套式加热辊筒结构图

饱和蒸汽耗量，一般要和凝结水闪蒸系统配套使用。辊筒采用分组加热形式，系统蒸汽经管道首先进入第 1 组辊筒，经辊筒后导出，集中后进入闪蒸系统第 1 个闪蒸罐，经闪蒸后的蒸汽再导入第 2 组辊筒，而后进入下一个闪蒸罐，依序而行，最后经设置的末级闪蒸罐排出或进入低压蒸汽回收系统。该辊筒的突出优点是辊筒换热效果好，串联的闪蒸系统节省蒸汽能源。

第二讲

十八辊热定型设备蒸汽系统的改造与创新

一、十八辊热定型机蒸汽加热系统结构及存在的问题

十八辊热定型机的设计分为紧一、紧二、紧三3个独立的工艺机组，即每6个辊筒作为一个机组。在生产过程中，通常的温度要求是紧三大于紧二、紧二大于紧一，因而其蒸汽系统设计为串联供汽方式，即高压饱和蒸汽先对紧三机组进行加热，紧三出来的蒸汽、凝结水混合物经汇集后进入紧三回汽闪蒸罐。在汽水混合物中的高温凝结水进入闪蒸罐时，由于流通容积突然变大而压力降低，这时凝结水的温度高于该压力下的沸点，高温凝结水中过剩的热量会使一部分凝结水吸收汽化潜热再次蒸发成二次蒸汽（闪蒸），压力平衡后部分没有闪蒸汽化的凝结水，经疏水系统排出。紧三回汽闪蒸罐的闪蒸蒸汽，则作为紧二机组加热的汽源进入紧二机组工艺段，以此类推。3个闪蒸罐排出的蒸汽凝结水，经各自疏水

器疏水后排出，汇成一路集水管，经单向阀后进入凝结水回收总管（见图6）。

在笔者公司某二维0.8D细旦短纤维生产中，按工艺要求蒸汽供汽压力为1.4MPa，紧三控制温度约为180℃（对应蒸汽压力为1.0MPa），紧二控制温度约为175℃（对应蒸汽压力为0.9MPa），紧一控制温度约为170℃（对应蒸汽压力为0.8MPa）。从该十八辊热定型机蒸汽加热系统原理图可以看到（见图6），对3个不同蒸汽压力档次的用汽需求，该加热系统的设计理念完全符合前述夹套式加热辊筒蒸汽系统的串联分级供汽设计原则，对于蒸汽节约使用在流程布局分配上是比较理想的。但是，在实际生产过程中却出现以下问题：在连续生产过程中紧二、紧一机组随着生产的进行，其辊筒温度会逐渐降低。特别是紧二机组运行不到30min，温度已下降5℃～7℃。按工艺要求，紧二机组辊筒最佳的工艺温度为

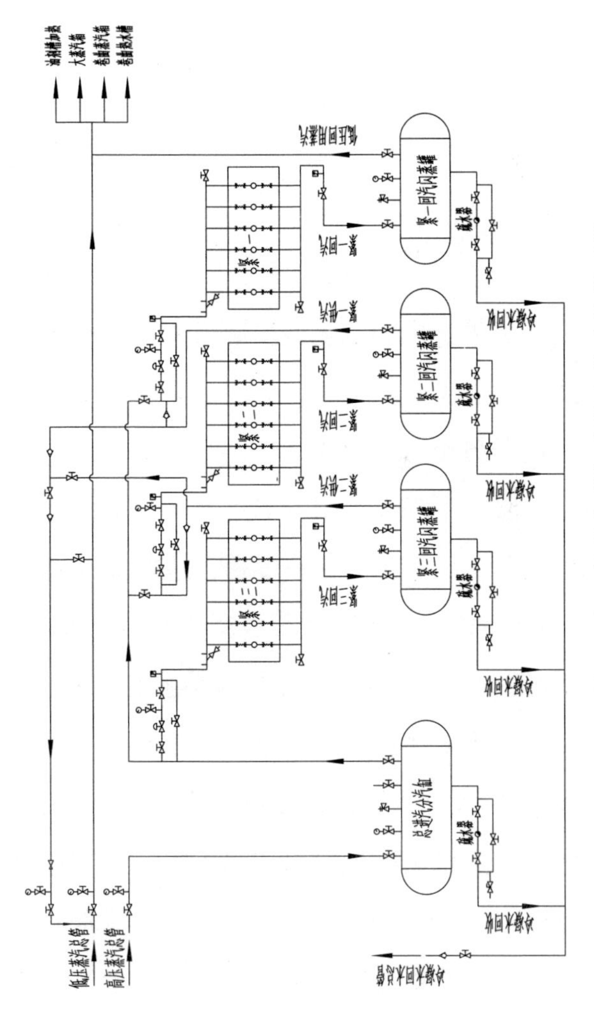

图6　十八辊热定型机蒸汽加热系统原理图

175℃，此温度下纤维的干热收缩率小于 8%。如果温度低于 170℃，就会造成纤维干热收缩率过高（超过 10%），无法满足产品质量要求，因而不得不停车进行系统排水，再重新升温开车。

二、紧二和紧一机组工艺温度降低问题分析及解决方案

1. 问题分析

辊筒温度下降多反映在紧二与紧一机组，而紧三机组基本没有下降。中途停车进行凝结水排空时，紧三回汽闪蒸罐基本没有凝结水，紧二和紧一回汽闪蒸罐均有较多未排出的凝结水，说明紧二与紧一机组正常生产时其凝结水排水不畅甚至根本没有排水，致使其辊筒因换热不良而温度下降。

从十八辊热定型机蒸汽加热系统原理图的凝结水管路设计中（见图 6）可以看到，该系统共有 4 个凝结水疏水回收部分，分别是总进汽分汽

缸凝结水回收、紧三回汽闪蒸罐凝结水回收、紧二回汽闪蒸罐凝结水回收、紧一回汽闪蒸罐凝结水回收。这 4 路凝结水经疏水器排出后，汇集到一根管径为 DN25 的凝结水集水管中，然后再进入管径为 DN80 的凝结水回收总管。原设计认为，凝结水集水管的压力会较低（疏水器出口到凝结水收集罐的高度差约为 7m，加上管道流通阻力，凝结水集水管内的凝结水理论总压力为 0.1 ~ 0.12MPa，即各凝结水支路疏水器的理论排水背压应为 0.1 ~ 0.12MPa），而紧二回汽闪蒸罐的压力为 0.9MPa，紧一回汽闪蒸罐的压力为 0.8MPa，压力为 0.12MPa 的排水背压，即便是对 4 路凝结水排放压力最低的紧一机组而言，其影响也是微乎其微的。

疏水器的排水量多是在不同的入口压力下，出口为排大气而测得的，在有背压的条件下使用时，背压度越大，疏水器排水量下降得越多，超过疏水器的最大允许背压度时，甚至不能排水。此处使用的疏水器，均为倒吊桶式疏水器，其允许背压度为 80%。

由表 3 可知，紧一回汽闪蒸罐的疏水器入口压力为 0.69 ~ 1.38MPa，出口背压度为 25% 时，背压使疏水器排水量下降的百分率为 0。疏水器入口压力为 0.8MPa，出口背压度为 25%，即疏水器出口背压为 0.8 × 25%=0.20MPa 时（该疏水器出口理论背压为 0.1 ~ 0.12MPa，小于 0.20MPa），则背压对其排水的影响为零。但是正常生产时，对于紧一回汽闪蒸罐及压力更高的紧二回汽闪蒸罐，其疏水器排水均不畅顺。

表 3　背压使疏水器排水量下降的百分率

	入口压力 / MPa			
	0.035	0.17	0.69	1.38
出口背压度 / %	排水量下降百分率 /%			
25	6	3	0	0
50	20	12	10	5
75	38	30	28	23

从十八辊热定型机蒸汽凝结水系统设计原理图（见图 7）中可以看到，该设计忽略了疏水器出口凝结水闪蒸造成的影响，从而忽略了凝结水产出点的余压次序，这会导致系统流动紊乱，或者憋压。经过仔细分析发现，该系统存在“逆向流”问题，即由于凝结水管道的简单连接，导致蒸汽压力高的总进汽分汽缸及紧三回汽闪蒸罐排出的凝结水，阻碍了蒸汽压力低的紧二及紧一回汽闪蒸罐凝结水的正常排出。此问题导致从一开始投产，就发现低压的紧二和紧一机组辊筒的凝结水排水不畅。设备厂商认为，引起排水不畅的原因是疏水器排量不足，为此也更换了更大排水量的疏水器，但问题依旧没能得到解决。在连续生产过程中，紧二及紧一机组辊筒还是因凝结水排水不畅通而温度下降，只能中途停车并直排凝结水，这样既影响生产又浪费能源。

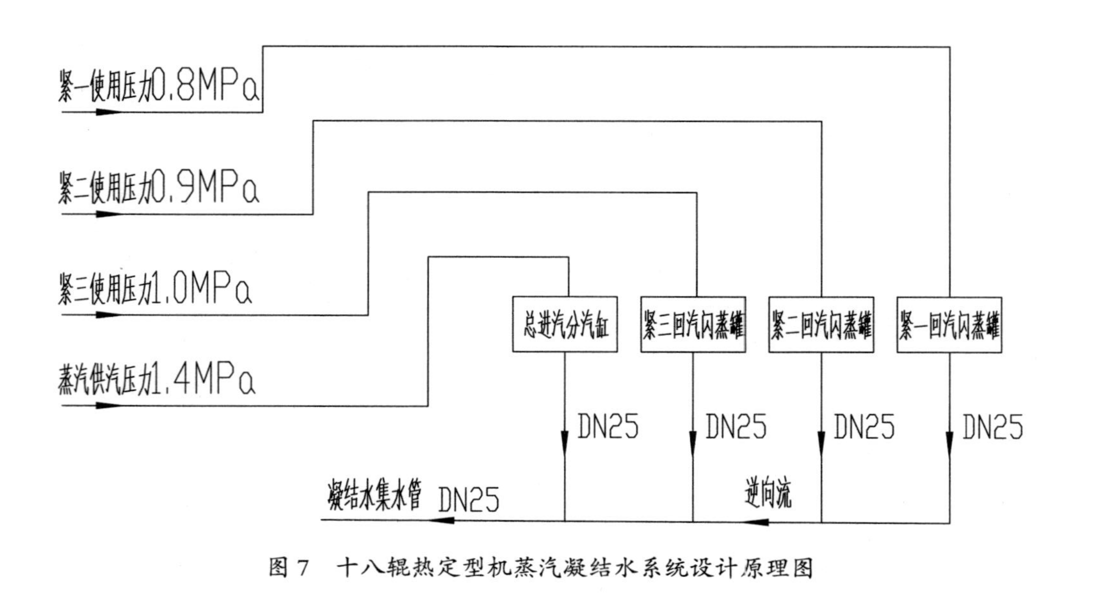

图 7　十八辊热定型机蒸汽凝结水系统设计原理图

2. 解决方案

针对上述问题，我们认为有如下三个方案可以对蒸汽凝结水管路进行调整。

（1）方案一

加大蒸汽凝结水集水管的管径（原集水管径为DN25，与3个闪蒸罐疏水器的出口尺寸相同）。

凝结水管管径的选择，通常要考虑以下三种情况：

①在启动时，系统内会有积存的冷态凝结水，系统从冷态加热到工艺温度的过程中也会产生大量的凝结水，水量比正常运行时要大2 ~ 3倍。

②当系统变热后，凝结水量减少到正常负荷。

③凝结水从闪蒸罐内以其对应饱和蒸汽压力的温度排出，由于集水管内的压力低于该温度的饱和蒸汽压力，高温凝结水在疏水器出口就开始生成和排出二次蒸汽（闪蒸蒸汽）。确切地说，凝结水集水管里是闪蒸蒸汽和凝结水的两相混

合物。

凝结水集水管内闪蒸蒸汽的比例由凝结水中所含有的热量决定，一般闪蒸蒸汽的质量占高压凝结水的 10% ~ 15%，但闪蒸蒸汽的体积会很大。0.7MPa 的凝结水排至大气压下，其中 13% 会闪蒸成蒸汽，其占的空间比凝结水要大 200 倍。以疏水器出口 10% 的凝结水闪蒸为例，疏水器后凝结水仅占管道体积的 0.56%，而闪蒸蒸汽却占 99.44%。即使闪蒸蒸汽比例比较低的场合，凝结水也仅占 4% 左右。由此可以想象，凝结水集水管内实际上充满了闪蒸蒸汽。

因此，凝结水集水管管径的选择，如果只按满管流动（假设集水管全部断面被凝结水或乳状的汽水混合物充满）进行计算，所选口径是会过小的。即使少量的凝结水闪蒸，其闪蒸蒸汽所占据的管道体积也会很大，由于集水管口径的限制，没有足够的空间承载闪蒸蒸汽的体积，导致集水管内的汽水混合物压力上升，从而导致各疏水器的排水背压上升，阻碍了低压的紧二、紧一回汽闪蒸罐的凝结水排放。因此，集水管的管径必须比疏水器出口的管道要大（原安装的集水管与各疏水器出口的管道直径同为DN25，管道选型错误）。

足够大的集水管可以起到均压的作用，能够容纳各个压力等级的凝结水及其闪蒸蒸汽同时进入管道，有利于集水管内的蒸汽压力平衡，从而使总进汽分汽缸及紧三回汽闪蒸罐排放的高温凝结水充分闪蒸失压，消除因压力差对低压的紧二及紧一回汽闪蒸罐凝结水排放的扰动，使各部分的凝结水均能顺利排出。

（2）方案二

把“逆向流”改为“顺向流”，即供汽分汽缸及紧三回汽闪蒸罐的高压凝结水在集水管后侧，低压的紧二及紧一回汽闪蒸罐凝结水在集水管前侧，这样高压凝结水就能推动低压凝结水往前；并且高压的闪蒸蒸汽和凝结水在集水管内高速向前流动，在通过低压凝结水排放管的接口处时，由于流体的黏性作用，就会在接口处形成低压区，从而形成引射作用，这样更有利于低压冷凝结水排水（见图 8）。

（3）方案三

将总进汽分汽缸、紧三回汽闪蒸罐、紧二回汽闪蒸罐、紧一回汽闪蒸罐 4 路凝结水排放管道，各自独立直接接到 DN80 的凝结水回收总管，即取消独立的集水管，凝结水回收总管也是集水管。

要确定蒸汽凝结水集水管的管径，需考虑：

①确定凝结水集水管内合理的操作压力（各疏水器的合理排水背压）；

②确定各疏水器凝结水的质量流量；

③确定连接至集水管上的每个疏水器由压降

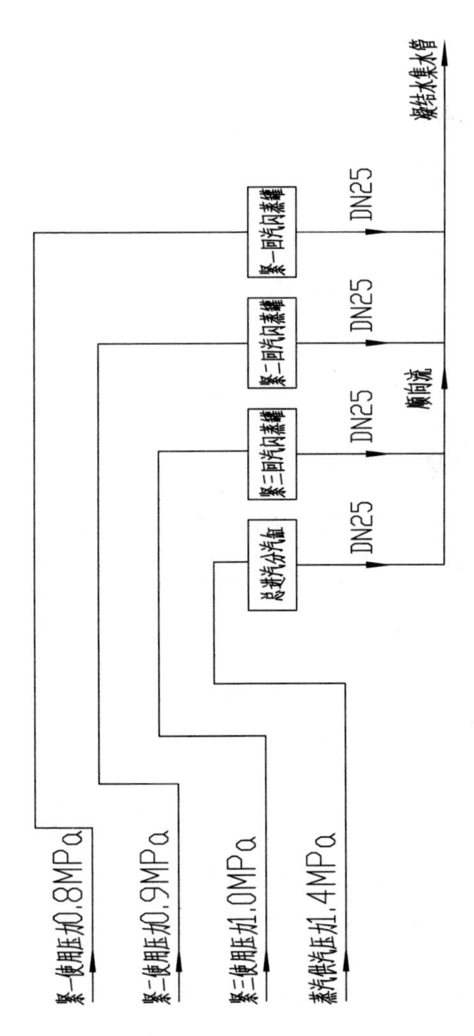

图8 十八辊热定型机蒸汽凝结水顺向流排放图

产生的闪蒸蒸汽的百分比；

④通过凝结水的流量和产生闪蒸蒸汽的百分比，计算出各个疏水器排出的凝结水及闪蒸蒸汽的流量；

⑤计算出集水管内闪蒸蒸汽的总流量；

⑥确定集水管内闪蒸蒸汽的合理流速；

⑦通过背压及流速，计算或查询相关表格选择适当的集水管管径。

以下以笔者公司某二维 0.8D 细旦短纤维的生产参数为例进行集水管管径测算。

如前所述，其工艺参数如下：

①蒸汽供汽压力为 1.4MPa；

②紧一控制温度为 170 ℃（蒸汽压力为 0.8MPa）；

③紧二控制温度为 175 ℃（蒸汽压力为 0.9MPa）；

④紧三控制温度为 180 ℃（蒸汽压力为

1.0MPa）。

共分为七个步骤，计算过程如下：

①确定集水管内的操作压力

由前述可知，各个疏水器排水背压为 0.12MPa，所以凝结水集水管内的操作压力为 0.12MPa；

②确定各个疏水器凝结水的质量流量

根据十八辊热定型设备的设计资料，紧一、紧二、紧三各机组的热负荷均为 300kW；根据连续性生产烘干类设备的蒸汽耗量计算公式：

蒸汽流量 Q（kg/h）= 热负荷（kW）×3600/工作压力下的 h_{fg}

【蒸汽的热量组成包括水的焓值（水的显热量）和蒸发的焓值（蒸汽的潜热量），水的焓值一般用 h_f 表示，蒸发的焓值一般用 h_{fg} 表示，总能量一般用 h_g 表示，那么就有 $h_g=h_f+h_{fg}$】

即可计算出各个机组的蒸汽消耗量，理论上各机组的凝结水质量流量即等于其蒸汽消耗量

（因总进汽分汽缸的蒸汽不参与热定型设备的热交换，其凝结水排量较少，为计算方便，在此计算中忽略不计）。

由蒸汽压力温度焓值对照表（见表4），查得各机组所用蒸汽的蒸汽潜热量（h_{fg}）。

表4 蒸汽压力温度焓值对照表

压力/MPa	温度/℃	显热量（h_f）/(kJ/kg)	潜热量（h_{fg}）/（kJ/kg）	全热量（h_g）/（kJ/kg）	比容积/（m^3/kg）	压力/MPa	温度/℃	显热量（h_f）/(kJ/kg)	潜热量（h_{fg}）/（kJ/kg）	全热量（h_g）/（kJ/kg）	比容积/（m^3/kg）
0.030	69.1	289.23	2336.1	2625.3	5.229	0.550	155.55	656.3	2096.7	2753	0.342
0.050	81.3	340.49	2305.4	2645.9	3.24	0.600	158.92	670.9	2086	2756.9	0.315
0.075	91.8	384.39	2278.6	2663	2.217	0.650	162.08	684.6	2075.7	2760.3	0.292
0.101	100	419.04	2257	2676	1.673	0.750	167.83	709.7	2056.8	2766.5	0.255
0.110	102.66	430.2	2250.2	2680.2	1.553	0.800	170.5	721.4	2047.7	2769.1	0.240
0.120	105.1	440.8	2243.4	2684.2	1.414	0.850	173.02	732.5	2039.2	2771.7	0.227
0.130	107.39	450.4	2237.2	2687.6	1.312	0.900	175.43	743.1	2030.9	2774	0.215
0.140	109.55	459.7	2231.3	2691	1.225	0.950	177.75	753.3	2022.9	2776.2	0.204
0.150	111.61	468.3	2225.6	2693.9	1.149	1.000	179.97	763	2015.1	2778.1	0.194
0.160	113.56	476.4	2220.4	2696.8	1.088	1.050	182.1	772.5	2007.5	2780	0.185
0.170	115.4	484.1	2215.4	2699.5	1.024	1.100	184.13	781.6	2000.1	2781.7	0.177
0.180	117.14	491.6	2210.5	2702.1	0.971	1.150	186.05	790.1	1993	2783.3	0.171
0.190	118.8	498.9	2205.6	704.5	0.923	1.200	188.02	798.8	1986	2784.8	0.163
0.200	120.42	505.6	2201.1	2706.7	0.881	1.250	189.82	807.1	1979.1	2786.3	0.157
0.210	121.96	512.2	2197	2709.2	0.841	1.300	191.68	815.1	1972.5	2787.6	0.151
0.220	123.46	518.7	2192.8	2711.5	0.806	1.350	193.43	822.9	1965.4	2788.8	0.148

续表

压力/MPa	温度/℃	显热量（h_f）/（kJ/kg）	潜热量（h_{fg}）/（kJ/kg）	全热量（h_g）/（kJ/kg）	比容积/（m^3/kg）	压力/MPa	温度/℃	显热量（h_f）/（kJ/kg）	潜热量（h_{fg}）/（kJ/kg）	全热量（h_g）/（kJ/kg）	比容积/（m^3/kg）
0.230	124.9	524.6	2188.7	2713.3	0.773	1.400	195.1	830.4	1959.6	2790	0.141
0.240	124.28	530.5	2184.8	2715.3	0.743	1.450	196.62	837.9	1953.2	2791.1	0.136
0.250	127.62	536.1	2181	2717.1	0.714	1.500	198.35	845.1	1947.1	2792.2	0.132
0.260	128.89	541.6	2177.3	2718.9	0.689	1.550	199.92	852.1	1941	2793.1	0.128
0.270	130.13	547.1	2173.7	2720.8	0.665	1.600	201.45	859	1935	2794	0.124
0.280	131.37	552.3	2170.1	2722.4	0.643	1.650	202.92	865.7	1928.8	2794.9	0.119
0.290	132.54	557.3	2166.7	2724	0.622	1.700	204.38	872.3	1923.4	2795.7	0.117
0.300	133.69	562.2	2163.3	2725.5	0.603	1.800	207.17	885	1912.1	2797.1	0.11
0.320	135.88	571.7	2156.9	2728.6	0.568	1.900	209.9	8972	1901.3	2798.5	0.105
0.340	138.01	580.7	2150.7	2731.4	0.536	2.000	212.47	909	1890.5	2799.5	0.1
0.360	140	589.2	2144.7	2733.9	0.509	2.100	214.96	920.3	1880.2	2800.5	0.0994
0.380	141.92	597.4	2139	2736.4	0.483	2.200	217.35	931.3	1870.1	2801.4	0.0906
0.400	143.75	605.3	2133.4	2738.7	0.461	2.300	219.65	941.9	1860.1	2802	0.0868
0.420	145.46	612.9	2128.1	2741	0.44	2.400	221.85	952.2	1850.4	2802.6	0.0832
0.440	147.2	620	2122.9	2742.9	0.442	2.500	224.02	962.2	1840.9	2803.1	0.0797
0.460	148.84	627.1	2117.8	2744.9	0.405	2.600	26.12	972.1	1831.4	2803.5	0.0768
0.480	150.44	634	2112.9	2746.9	0.389	2.700	228.15	981.6	1822.2	2803.8	0.074
0.500	151.96	640.7	2108.1	2748.8	0.374	2.800	230.14	990.7	1813.3	2804	0.0714

a. 紧一机组温度 170 ℃，蒸汽潜热量 h_{fg}=2047kJ/kg

紧一蒸汽流量 Q_1=300 × 3600/2047=528kg/h

即紧一回闪蒸罐疏水器的凝结水质量流量为

528kg/h；

b. 紧二机组温度 175 ℃，蒸汽潜热量 h_{fg}=2030kJ/kg

紧二蒸汽流量 Q_2=300 × 3600/2030=532kg/h

即紧二回闪蒸罐疏水器的凝结水质量流量为532kg/h；

c. 紧三机组温度 180 ℃，蒸汽潜热量 h_{fg}=2015kJ/kg

紧三蒸汽流量 Q_3=300 × 3600/2015=536kg/h

即紧三回闪蒸罐疏水器的凝结水质量流量为536kg/h；

由以上 3 步计算得知，在该种纤维的工艺条件下，此十八辊热定型设备的蒸汽消耗量为 Q=Q_1+Q_2+Q_3=528+532+536=1596kg/h

与该生产线的现场蒸汽流量表的计量数据基本吻合。

（该纤维连续生产 10h，总耗汽量为 18.2t，扣除低压用汽设备用汽量：牵伸油剂槽加热用汽+蒸汽加热箱用汽共约200kg/h，则该热定型设备耗汽量约为1600kg/h）

③确定各疏水器排放的凝结水闪蒸蒸汽百分比

根据以下公式确定闪蒸蒸汽比例

$$\text{闪蒸蒸汽的比例}=\frac{p_1\text{压力下的}h_f-p_2\text{压力下的}h_f}{p_2\text{压力下的}h_{fg}}$$

式中：p_1——初始压力（闪蒸罐内蒸汽压力），MPa；

p_2——最终压力（疏水器背压，即0.12MPa）；

h_f——液体比焓，kJ/kg；

h_{fg}——蒸发比焓，kJ/kg。

由蒸汽压力温度焓值对照表（见表4），查得

蒸汽压力为0.8MPa时（170℃），蒸汽显热量h_f=721 kJ/kg

蒸汽压力为0.9MPa时（175℃），蒸汽显热量h_f=743 kJ/kg

蒸汽压力为 1.0MPa 时（180℃），蒸汽显热量 h_f=763 kJ/kg

蒸汽压力为 0.12MPa 时（105℃），蒸汽显热量 h_f=440 kJ/kg

蒸汽压力为 0.12MPa 时（105℃），蒸汽潜热量 h_{fg}=2243 kJ/kg

a. 紧一回汽闪蒸罐凝结水排放管内闪蒸蒸汽比例：

$$\text{紧一排放管闪蒸蒸汽比例} = \frac{721-440}{2243} \times 100\% = 12.5\%$$

b. 紧二回汽闪蒸罐凝结水排放管内闪蒸蒸汽比例：

$$\text{紧二排放管闪蒸蒸汽比例} = \frac{743-440}{2243} \times 100\% = 13.5\%$$

c. 紧三回汽闪蒸罐凝结水排放管内闪蒸蒸汽比例：

$$紧三排放管闪蒸蒸汽比例 = \frac{763-440}{2243}\times100\% = 14.4\%$$

④计算各疏水器排出凝结水及闪蒸蒸汽流量

水在 0.12MPa 压力下的温度为 105℃，密度为 955kg/m^3。

蒸汽在 0.12MPa 压力下的比容积为 1.414m^3/kg。

由步骤②和步骤③可知

a. 紧一排出凝结水量为 528kg/h，闪蒸蒸汽比例为 12.5%

$$凝结水流量 = \frac{(1-12.5\%)\times528}{955} = 0.484m^3/h$$

闪蒸蒸汽流量 = 528 × 12.5% × 1.414= 93.324 m^3/h

$$水的体积比例 = \frac{0.484}{0.484+93.324}\times100\% = 0.5\%$$

$$蒸汽体积比例 = \frac{93.324}{0.484+93.324}\times100\% = 99.5\%$$

b. 紧二排出凝结水量为 532kg/h，闪蒸蒸汽比例为 13.5%

$$凝结水流量=\frac{(1-13.5\%)\times532}{955}=0.482m^3/h$$

闪蒸蒸汽流量 =532 × 13.5% × 1.414=101.553 m^3/h

$$水的体积比例=\frac{0.482}{0.482+101.553}\times100\%=0.5\%$$

$$蒸汽体积比例=\frac{101.553}{0.482+101.553}\times100\%=99.5\%$$

c. 紧三排出凝结水量为 536kg/h，闪蒸蒸汽比例为 14.4%

$$凝结水流量=\frac{(1-14.4\%)\times536}{955}=0.480m^3/h$$

闪蒸蒸汽流量 =536 × 14.4% × 1.414=109.138 m^3/h

$$水的体积比例=\frac{0.480}{0.480+109.138}\times100\%=0.4\%$$

$$蒸汽体积比例 = \frac{109.138}{0.480 + 109.138} \times 100\% = 99.6\%$$

⑤计算集水管内闪蒸蒸汽的总流量

闪蒸蒸汽总流量 =93.324+101.553 + 109.138= 304.015 m^3/h

⑥确定集水管内闪蒸蒸汽的合理流速

由步骤④可见，疏水器后的排放管内是汽水两相流，蒸汽比水占用的空间要大得多，需要按照合理的蒸汽流速来确定集水管的管径，而不是按照体积很小的凝结水来确定，如果管径偏小的话，就会增加闪蒸蒸汽的流速，背压增加，导致水锤现象，降低疏水器的排量，进而使系统积水，影响工艺温度控制。

通常蒸汽管道按照所允许的最大流速来确定口径，干的饱和蒸汽流速不应超过 40m/s，湿蒸汽流速应更低一些（15~20m/s），否则湿蒸汽可能会冲蚀、损坏管道附件和阀门。

疏水器后的排放管为输送湿蒸汽的管道，应按较低的流速来确定管道口径，所以我们选择的计算流速为 20m/s。

⑦计算集水管管径

根据《动力管道设计手册》，蒸汽、压缩空气、氧气、乙炔、二氧化碳、热水管道管径计算公式如下：

按体积流量计算 $d = 18.8\sqrt{q_v/w}$

按质量流量计算 $d = 594.5\sqrt{q_m/(w\rho)}$

式中 d——管道内径，mm；

q_v——工作状态下的体积流量，m^3/h；

w——工作状态下的流速，m/s；

q_m——工作状态下的质量流量，t/h；

ρ——工作状态下的密度，kg/m^3。

a. 按体积流量计算：

由步骤⑤可知 q_v= 闪蒸蒸汽总流量 =304.015

m^3/h，则

$$d = 18.8\sqrt{q_v/w} = 18.8\sqrt{304.015/20} = 73.3\text{mm}$$

b. 按质量流量计算：

由步骤②和步骤③可知，闪蒸蒸汽总质量流量

$$q_m = 528 \times 12.5\% + 532 \times 13.5\% + 536 \times 14.4\%$$
$$= 215.004 \text{ kg/h}$$
$$= 0.215 \text{ t/h}$$

经查阅，蒸汽在 0.12MPa 压力（105℃）时的密度

$$\rho = 0.70 \text{ kg/m}^3$$

$$d = 594.5\sqrt{q_m/(w\rho)} = 594.5\sqrt{0.215/(20 \times 0.7)} = 73.7\text{mm}$$

由以上两种计算方式可见，其结果基本一致，按标准管道直径进行选型，则集水管的管径应选为 DN80。

因此，无论是第一个方案还是第二个方案的集水管，其管径均需要从 DN25 放大为 DN80，

再接入 DN80 的凝结水回收总管。而第三个方案以凝结水回收总管直接作为集水管，而且凝结水回收总管正好横贯在总进汽分汽缸及 3 个回汽闪蒸罐的罐体上方，所以，我们采用方案三改造此十八辊热定型机蒸汽系统的凝结水排放管（见图 9）。

三、蒸汽凝结水回收利用的效益测算

1. 凝结水回收目的、意义

凝结水回收后回到锅炉补水箱，与补给水混合后再进入锅炉，由此可产生如下效益：

（1）降低锅炉燃料耗量，节约锅炉运行成本

低温的锅炉给水将会减少锅炉蒸汽的产出，给水温度越低，加热给水需要的热量越多，用于产生蒸汽的热量就相应减少。蒸汽凝结水具有比常温锅炉补给水高得多的温度，通常开式凝结水回收温度能达到 90℃以上。用回收的高温凝结水

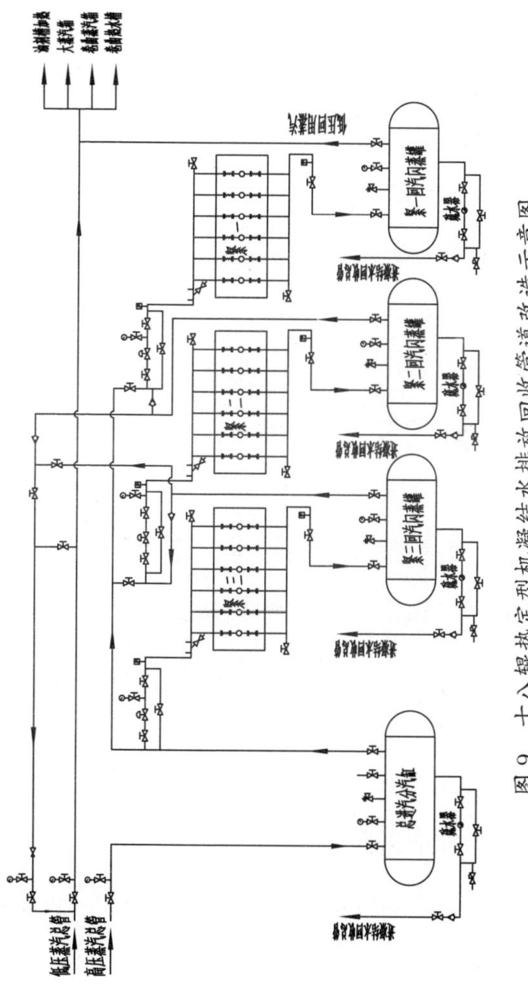

图9　十八辊热定型机凝结水排放回收管道改造示意图

提高锅炉给水温度，可使锅炉单位蒸发量所需吸热量减少，相同出力下锅炉燃料耗量降低，锅炉运行所需的燃料费用减少，节约了锅炉运行成本。这是蒸汽加热系统凝结水回收的最主要目的。

（2）节省锅炉补给水量，节约水资源

蒸汽凝结水作为锅炉给水送入锅炉，相应减少了锅炉给水用软化水或纯水的制备用水量，凝结水回收得越多，锅炉补给水量减少得越多，凝结水在系统中循环反复使用，节约了水资源。

（3）由于凝结水是纯水，作为锅炉补给水可减少锅炉阻垢清缸剂的使用量，并能减少锅炉排污水量。因此，可以减少清缸剂费用，减少排污水所带走的热能与水资源浪费。

2. 蒸汽凝结水回收技术指标

（1）凝结水回收率

设备在启动前，系统内会有大量的冷态凝结水，这些积存在设备内的凝结水会受锈蚀污染，并与系统从冷态升温到工艺控制温度时产生的大量凝结水混合，这时的凝结水是不能回收利用的，并且由于是开式凝结水回收系统，会有一部分凝结水以二次闪蒸蒸汽排放损失。以上两项相加，系统的凝结水总体回收率约为 70%。

根据《蒸汽供热系统凝结水回收及蒸汽疏水阀技术管理要求》（GB / T 12712—2023）的凝结水回收率评定指标（见表 5），节能评定级别为合格。

表 5　凝结水疏排与回收评定等级

评定指标	评定级别			
	优	良	合格	不合格
蒸汽疏水阀配备率 E_r	E_r=100%	E_r=100%	E_r=100%	E_r < 100%
蒸汽疏水阀抽检合格率 P_r	P_r=100%	95% ≤ P_r < 100%	90% ≤ P_r < 95%	P_r < 90%
蒸汽供热系统凝结水回收率 R_r	R_r ≥ 90%	80% ≤ R_r < 90%	70% ≤ R_r < 80%	R_r < 70%

（2）凝结水温度

凝结水按温度高低可分为高温凝结水与低温凝结水，两者以100℃为界限。水温高于或等于100℃的凝结水称为高温凝结水；水温低于100℃的凝结水称为低温凝结水。

凝结水温度的高低，首先取决于用汽设备的工作特性；其次与凝结水回收系统类型有关，回收系统按是否与大气相通分为开式系统与闭式系统，开式系统因凝结水箱与大气直接连通，即使凝结水初始温度大于100℃，凝结水也会降至100℃以下，而闭式系统能承压，凝结水温度可以达到130℃以上，回收效益较高；最后还与凝结水管线长短及绝热保温性能有关。

虽然我们的热定型设备凝结水排水温度能达到170℃，但是如前文所述，由于凝结水回收集水管内闪蒸蒸汽对各疏水器排水的影响，系统以较低的温度收集到开式凝结水回收系统。经测量，凝结水最后泵送到锅炉给水箱的温度为 90℃左右。

3. 凝结水回收效益测算

（1）节约天然气费用计算

笔者公司锅炉给水温度平均约为 60℃，锅炉的热效率为 88%。

全年生产天数按照 300 天计算，当前公司所在上海市的工业用天然气平均价格按照 3.96 元 /m^3 计算。

如前文所述，此十八辊热定型设备的凝结水排水量为 1596 kg / h，凝结水回收率为 70%，则实际回到锅炉给水箱的凝结水量 M=1596 × 70% = 1117.2 kg / h。

则由凝结水回收所节约的热量计算公式为

$$Q = C \times M \times \Delta t$$

式中：

Q——热量，kJ；

M——凝结水量，kg/h；

C——水的比热容，4.19kJ /（kg · ℃）；

Δt——温度差，℃。

Q=4.19kJ /（kg·℃）× 1117.2kg / h ×（90–60）℃ = 140432 kJ / h

那么一年下来累计由凝结水回收所节约的热量为 140432 kJ / h × 300 d / a × 24h / d

=1011110400kJ / a

如果锅炉的效率为 88%，节约加热补给水的热量为

$$\frac{1011110400}{88\%}=1148989091\ \text{kJ / a}$$

天然气热值为 36300kJ / m^3

则年节约天然气的费用 = $\frac{1148989091\text{kJ / a}}{36300\text{kJ / m}^3}$ × 3.96 元 / m^3=125344 元 / a

（2）节约用水费用计算

如果十八辊热定型设备的凝结水不能回收利

用，则每年需要多补充的水量为

1117.2kg / h × 300d / a × 24h / d=8043840 kg / a = 8043.8 t / a

如果水的费用为 6 元 / m^3，则一年多支付的水费为

8043.8t / a × 1m^3/t × 6 元 / m^3 = 48263 元 / a

（3）节约其他费用

除节约以上两项主要费用，还有锅炉给水用软化水处理或纯水制备的费用、节约锅炉阻垢清缸剂的费用、降低锅炉的排污量而节约的水费及热能、减少污水排放而节约的污水处理费用等。

由上述效益测算可见，蒸汽凝结水是非常有价值的资源，而且具有可观的热量、明显的节能节水效益。即使是回收一部分，也会有显著的经济效益，仅一个疏水器排出的凝结水也值得回收。

自从笔者对蒸汽凝结水系统进行改造后，新生产线的十八辊热定型机再也没有出现加热辊筒温度下降的问题，不用再中途停车排水，生产过程中产生的蒸汽凝结水得到了充分回收利用。通过改造，不但稳定了纤维的生产品质，而且还节约了可观的能源、资源费用。

但是，在生产过程中又发现一新问题，如果紧二机组温度按工艺要求调整到 175℃后，随着生产的进行，紧一机组及后续的低压用汽设备就会逐渐超温，紧二机组也缓慢跟着超温。因此，只能对紧二机组降温使用，即紧二机组工艺控制温度总是要降低 3℃ ~ 5℃来使用。

四、紧二机组工艺温度偏低问题分析及处理

在纤维生产过程中，紧二机组控制温度要达到工艺要求的 175℃，则其辊筒夹套内蒸汽压力

要达到 0.9MPa。在调节紧二供汽压力时，如果紧三回汽闪蒸罐的蒸汽供汽量不足时，可适量打开紧二高压进汽补汽阀。在保证蒸汽进汽压力达到要求后，主要是通过调节紧二背压调节阀（见图 10），使紧二回汽闪蒸罐的表压为 0.9MPa。但在生产过程中，当紧一回汽闪蒸罐的蒸汽供汽压力按设计要求调到 0.9MPa，紧一回汽闪蒸罐的蒸汽压力调整到 0.8MPa 后，随着生产的进行，紧一回汽闪蒸罐的蒸汽压力逐渐升高，会慢慢接近 0.9MPa，紧一机组后续的低压用汽设备也连带一起超温。而紧二回汽闪蒸罐的压力也跟着逐渐上升，造成紧二也逐渐超温。因此，只能降低紧二机组使用温度。

由上述可知，在维持紧一机组的供汽压力为 0.9MPa 时，紧一机组辊筒并不能完全消耗所供蒸汽。其实，紧一、紧二、紧三机组的供汽量都是大于消耗量的，但紧二、紧三机组都有减压回低

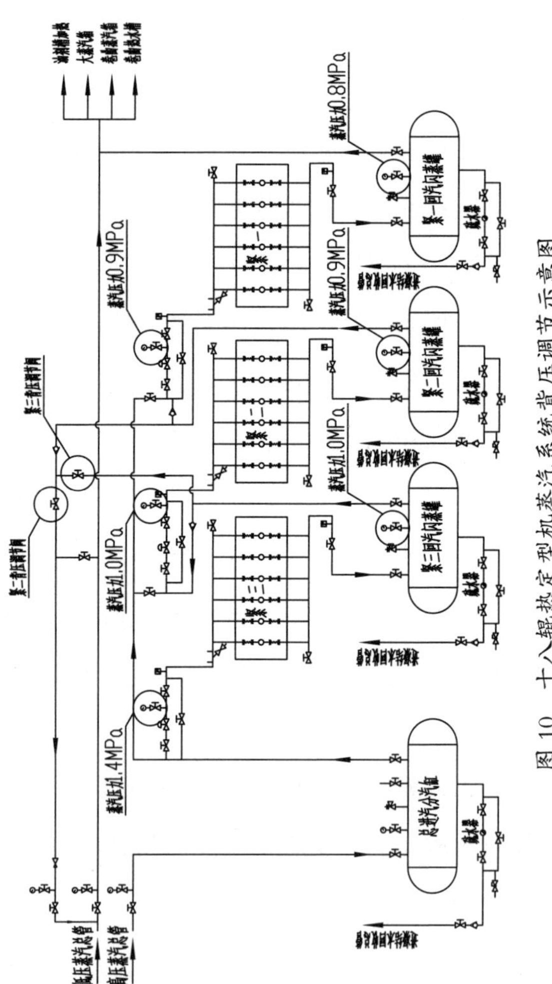

图10　十八辊热定型机蒸汽系统背压调节示意图

压管网调节管道，紧一机组后则只有直供低压设备使用管道。考虑到紧一回汽闪蒸罐出来的蒸汽经紧二、紧一两次降压使用后，其含水量较高，回低压管网需要配套安装汽水分离装置，因此，紧一回汽没有安装减压回用装置，而是仅供后面的油剂槽、蒸汽加热箱等低压用汽设备使用。

又由上述可知，如果紧一回汽闪蒸罐后的蒸汽管加装汽水分离装置及减压回低压管网配套支管，即可调整紧一机组回汽蒸汽量，并控制后续低压用汽设备的蒸汽压力。此外，如果通过调整紧二背压调节阀，加大紧二回汽闪蒸罐的蒸汽回低压管网的汽量，适当降低紧一机组的供汽压力及供汽量，维持紧一机组供汽、用汽平衡，也可以稳定紧二、紧一机组的工艺温度及紧一回汽闪蒸罐后的蒸汽压力。但调整紧二背压调节阀开度时，对紧一、紧二超温现象控制效果并不理想。

经仔细梳理分析现场蒸汽加热系统的管线，笔者发现调整紧三回汽闪蒸罐蒸汽回低压管网的紧三背压调节阀的接口，被错误地安装在紧二背压调节阀的前面，在这种情况下，紧三背压调节出来的高压蒸汽会干涉低压的紧二背压调节阀回流蒸汽的调压，导致紧二回汽闪蒸罐蒸汽回低压蒸汽管网憋压，而不能正常回汽。把紧二背压调节阀移到紧二回汽单向阀前面（见图 11），紧二回汽闪蒸罐蒸汽回低压管网的流量调节问题得以解决，紧二机组也不再需要降温运行。

经调节试验，通过调节紧二机组回低压管网的蒸汽量，把紧一供汽压力维持在 0.82MPa 左右，紧一、紧二机组控制温度均能够按工艺标准温度要求平稳运行，紧一回汽闪蒸罐后的低压用汽设备再也没有出现超温运行现象。

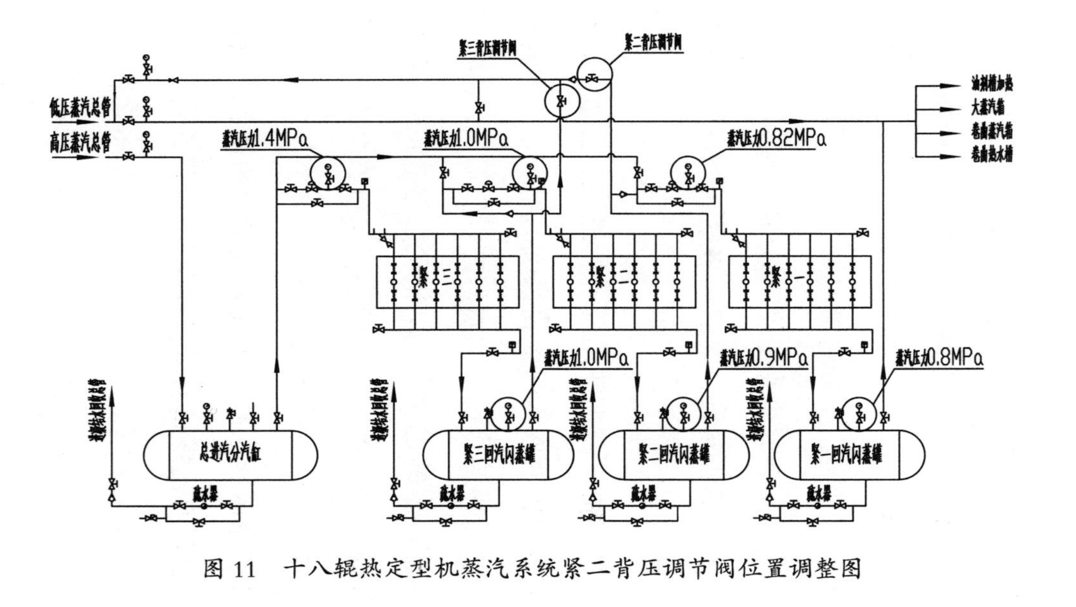

图 11　十八辊热定型机蒸汽系统紧二背压调节阀位置调整图

五、蒸汽加热辊筒进、回汽改造

原十八辊定型机的辊筒加热为小管进蒸汽，大管排凝结水、回汽（见图 12）。对此，应该改进为大管进汽，小管排凝结水、排汽。因为每个机组的 6 个辊是并联进汽，分别通过各辊筒后，汇集为一路集水管，再进入各机组的回汽闪蒸罐（见图 13）。

一方面，在加热系统开始进汽、排水、升温时，因为辊筒内部是迷宫夹套式结构，夹套内会存储有较多的冷态凝结水，并且辊筒从冷态加热到工艺温度的过程中也会消耗较多蒸汽，同时产生大量蒸汽凝结水。小管小流量进汽会因蒸汽线路较长、消耗蒸汽多而使辊筒内蒸汽压力先行下降，排水过程会较慢，这样可能会有进汽管远端的辊筒因靠近蒸汽进汽口近端的辊筒首先完成排水，辊筒组进汽蒸汽分配管与回汽集水管两端的蒸汽压力已经平衡，而导致部分远离蒸汽进汽口

图 12　十八辊热定型机蒸汽加热辊筒进、排汽管图

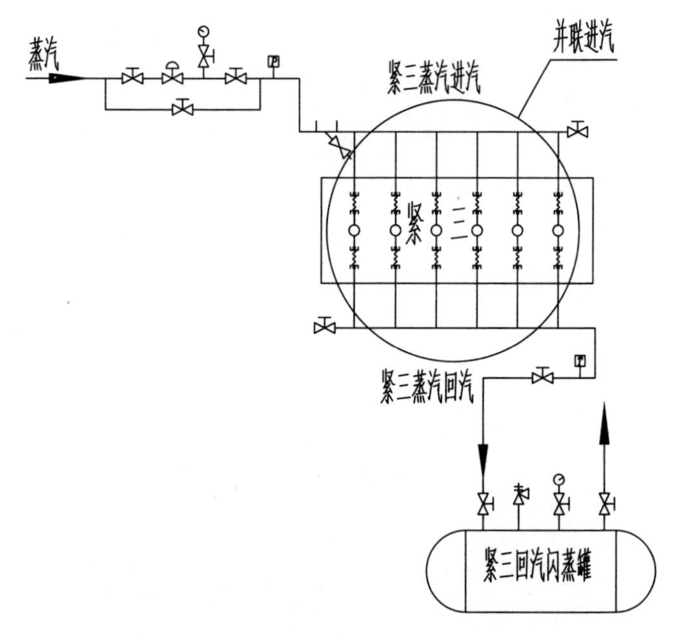

图 13　紧三机组蒸汽进、回汽示意图

一端的辊筒排水不充分，致使同组的不同辊筒的温度不一致，大管大流量蒸汽进汽有利于避免这一问题。

另一方面，随着辊筒组达到控制工艺温度后，热定型机组进入低负载平稳运行状态，辊筒群组内的蒸汽流量会变得较小，大管进汽更有利于辊筒前进汽分汽管内蒸汽压力平衡，保持各辊筒的进汽端蒸汽压力一致。另外，因为每个辊筒组的 6 个辊筒的热负荷并不完全相同，进丝端辊筒的加热负载可能要高于最后一个加热辊筒，辊筒内饱和蒸汽的冷凝速度和凝结水量就不同，辊筒内的蒸汽压降也就不同，大管进汽更有利于及时补充、平衡各辊筒的耗汽量，保证不同热负荷的辊筒均能及时排水、排汽，维持各辊筒的正常工艺温度。

总之，笔者通过对后纺十八辊热定型机蒸汽系统进行以上几方面的创新改造，不仅解决了该设备蒸汽加热系统的所有历史遗留问题，而且使其对各纤维品种的生产运行的适应性显著改善，现在笔者公司所有不同工艺温度要求的纤维品种均能在这条生产线上正常生产。这不仅拓展了原生产线的生产品种应用范围，而且减少了资源、能源的浪费。

后 记

随着全球能源消耗的不断增加和全球气候变暖的加剧，节能减排已成为当今社会的主旋律，也是企业基础管理的一部分。作为设备管理的一线职工，生产现场就是我们的舞台，加强设备日常运行管理，优化设备运行方式，提高能源利用效率是我们的职责所在。然而，设备的设计、制造、安装、使用、维护等过程要素的叠加，总是使我们的设备运作不良，不仅影响产品质量、生产效率，而且直接浪费能源。这就要求我们深入生产一线，奋斗在一线，时时把握设备的运行状态，在生产运行中不断采集引起设备不良运作的相关信息，分析设备运行的不良动态，对设备结构设计原理、动作原理等进行剖析，利用创新的思维管理设备、改良设备，不断降低设备的能源消耗、减少不必要的排放，提高能源利用率。只要我们掌握高效、可行的方法，将创新的触角伸入生产一线，伸入每一道工序中，我们产业工人必将成为以科技手段推动能源节约的践行者，成为能源节约型社会的领跑者。

党中央、国务院高度重视节能工作。中央经济工作会议强调，“要坚持节约优先，实施全面节约战略。在生产领域，推进资源全面节约、集约、循环利用”。产业工人是生产领域直接参与者，这些都呼唤着更多的产业工人成为实现能源节约型社会的骨干力量和生力军。我们新时代的产业工人，要不断契合国家的总体发展战略，大力弘扬劳模精神、劳动精神、工匠精神，集中力量推进传统行业的工艺、技术等关键要素的升级革新，提高能源利用效率，推动优化能源资源配置。这就要求我们立足本行业，从身边的点滴着眼，用创新的视角不断为推进我们传统产业转型升级，为提升行业绿色低碳发展水平添砖加瓦。

作为新时代产业工人的一员，我将依托自己的“技师创新工作室”平台，继续以高师带徒、技术攻关、技能推广的方式，开展人才培养、难题攻关、技能交流等工作，不断提高团队成员的综合能力，并和他们一起深耕传统产业一线，以锐意创新的姿态，持续为传统产业的转型升级，为推动我国能源利用效率持续提升作出自己的贡献。

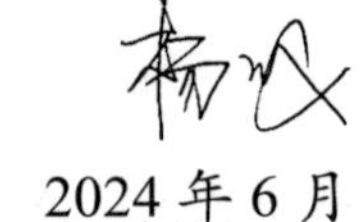

2024 年 6 月

图书在版编目（CIP）数据

杨成工作法: 后纺十八辊热定型设备蒸汽系统的改造与创新 / 杨成著. -- 北京 : 中国工人出版社, 2024. 12. -- ISBN 978-7-5008-8538-2

Ⅰ.TS195.33

中国国家版本馆CIP数据核字第2024MF4975号

杨成工作法：后纺十八辊热定型设备蒸汽系统的改造与创新

出 版 人　董　宽
责任编辑　陈培城
责任校对　张　彦
责任印制　栾征宇
出版发行　中国工人出版社
地　　址　北京市东城区鼓楼外大街45号　邮编：100120
网　　址　http://www.wp-china.com
电　　话　（010）62005043（总编室）
　　　　　（010）62005039（印制管理中心）
　　　　　（010）62379038（职工教育编辑室）
发行热线　（010）82029051　62383056
经　　销　各地书店
印　　刷　北京市密东印刷有限公司
开　　本　787毫米×1092毫米　1/32
印　　张　3
字　　数　34千字
版　　次　2024年12月第1版　2024年12月第1次印刷
定　　价　28.00元

优秀技术工人百工百法丛书

第一辑　机械冶金建材卷

优秀技术工人百工百法丛书

第二辑　海员建设卷

优秀技术工人百工百法丛书

第三辑　能源化学地质卷

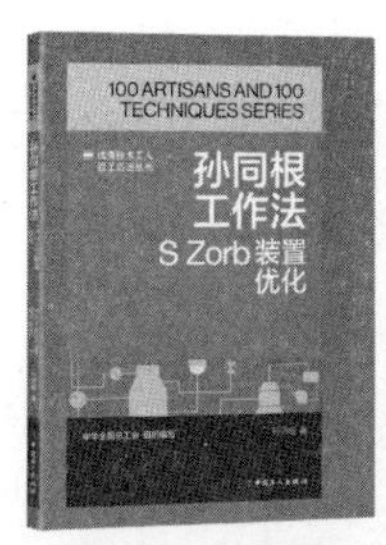
100 ARTISANS AND 100
TECHNIQUES SERIES
孙同根
工作法
S Zorb 装置
优化

100 ARTISANS AND 100
TECHNIQUES SERIES
王月鹏
工作法
基于绝缘平台的
绝缘杆作业法

100 ARTISANS AND 100
TECHNIQUES SERIES
王跃
工作法
滴定分析的
判断与控制

100 ARTISANS AND 100
TECHNIQUES SERIES
杨新海
工作法
车载移动测量技术
在实景三维成果
质量检验中的应用

100 ARTISANS AND 100
TECHNIQUES SERIES
杨义兴
工作法
油田修井现场
清洁生产
技术应用

100 ARTISANS AND 100
TECHNIQUES SERIES
游弋
工作法
煤矿供电系统
防晃电
设计与应用

100 ARTISANS AND 100
TECHNIQUES SERIES
余姝
工作法
高陡峡谷区
地质灾害调勘查